Nordrhein-Westfälische Akademie der Wissenschaften

Natur-, Ingenieur- und Wirtschaftswissenschaften   Vorträge · N 418

Herausgegeben von der
Nordrhein-Westfälischen Akademie der Wissenschaften

MATTHIAS MERTMANN

Entwicklung eines Greifmechanismus aus
neuen Verbundwerkstoffen mit Zweiweg-Formgedächtnis

WOLFGANG GÄRTNER

Die Funktion biologischer photosensorischer Pigmente

Westdeutscher Verlag

397. Sitzung am 1. Dezember 1993 in Düsseldorf

Die Deutsche Bibliothek – CIP-Einheitsaufnahme

Mertmann, Matthias:
Entwicklung eines Greifmechanismus aus neuen Verbundwerkstoffen mit Zweiweg-Formgedächtnis/Matthias Mertmann. Die Funktion biologischer photosensorischer Pigmente / Wolfgang Gärtner. – Opladen: Westdt. Verlag., 1995
  (Vorträge / Nordrhein-Westfälische Akademie der Wissenschaften:
  Natur-, Ingenieur- und Wirtschaftswissenschaften; N 418)

NE: Gärtner, Wolfgang: Die Funktion biologischer photosensorischer Pigmente; Nordrhein-Westfälische Akademie der Wissenschaften ‹Düsseldorf›: Vorträge / Natur-, Ingenieur- und Wirtschaftswissenschaften

Der Westdeutsche Verlag ist ein Unternehmen der Bertelsmann Fachinformation.

© 1995 by Westdeutscher Verlag GmbH Opladen
Herstellung: Westdeutscher Verlag

ISBN-13: 978-3-531-08418-3   e-ISBN-13: 978-3-322-85575-6
DOI: 10.1007/ 978-3-322-85575-6

Inhalt

Matthias Mertmann (Vortragender), *Knut Escher, Erhard Hornbogen*, Bochum
Entwicklung eines Greifmechanismus aus neuen Verbundwerkstoffen mit Zweiweg-Formgedächtnis

0. Einleitung	7
1. Grundlagen des Formgedächtniseffektes (FGE)	7
2. Aufbau des Verbundwerkstoffes	10
3. Verbundelemente mit Zweiwegeffekt: Fingeraktoren	13
4. Ausblick	16
Literatur	20

Wolfgang Gärtner, Mülheim an der Ruhr
Die Funktion biologischer photosensorischer Pigmente

Einleitung	21
Der pflanzliche Lichtsensor Phytochrom	23
Visuelle Pigmente der Insekten	29
Schlußbemerkung	35
Literatur	36

Entwicklung eines Greifmechanismus aus neuen Verbundwerkstoffen mit Zweiweg-Formgedächtnis

von *Matthias Mertmann* (Vortragender), *Knut Escher, Erhard Hornbogen*, Bochum

0. Einleitung

Der Formgedächtniseffekt ist eine seit einiger Zeit bekannte Eigenschaft bestimmter Legierungen, die in Abhängigkeit von der Temperatur oder der mechanischen Spannung eine starke Formänderung reversibel durchlaufen. Dafür ist eine martensitische Phasenumwandlung erforderlich. Die mit der Umwandlung einhergehende Änderung der äußeren Form kann zur Herstellung von Bauteilen genutzt werden, die bei Unterdrückung der Formänderung auch Kräfte erzeugen können. Anwendung findet diese Eigenschaft in der Greifertechnik zur Herstellung eines Dreifingergreifers, der im folgenden vorgestellt werden soll.

1. Grundlagen des Formgedächtniseffektes (FGE)

Ein Formgedächtniseffekt kann in Metallen beobachtet werden, die eine diffusionslose strukturelle Phasenumwandlung der Hochtemperaturphase β oder γ in die Tieftemperaturphase α aufweisen. Der Effekt wird durch das außergewöhnliche Verhalten der Formgedächtnislegierungen im Spannungs-Verformungs-Temperaturdiagramm dargestellt (Abb. 1). Formgedächtnislegierungen weisen neben den von konventionellen Konstruktionswerkstoffen bekannten Mechanismen der reversiblen thermischen Ausdehnung und der unter mechanischer Beanspruchung auftretenden elastischen und plastischen Verformung bis zum Bruch weitere Effekte auf, die für diese Werkstoffgruppe typisch sind:

– *Pseudoelastizität:* In der Hochtemperaturphase Austenit kann bei Anlegen einer mechanischen Spannung die Tieftemperaturphase Martensit erzeugt werden, falls für die Probentemperatur T gilt: $M_d > T > M_s$. Dieser Vorgang ist mit einer beträchtlichen Dehnung verbunden. Bei Nachlassen der äußeren Belastung kehrt der Werkstoff spontan in die bei dieser Temperatur stabile Austenitphase zurück. Dadurch wird die Verformung wieder vollstän-

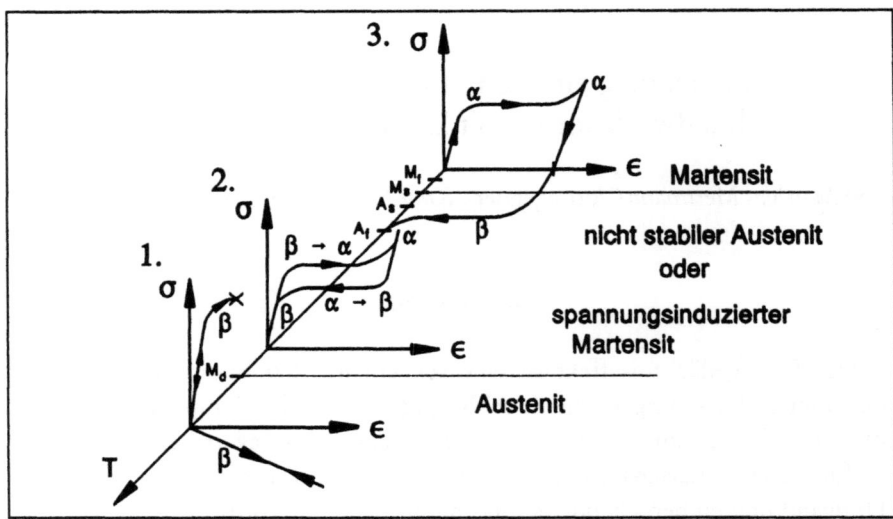

Abb. 1: Thermo-mechanisches Verhalten von Metallen mit Formgedächtnis im Spannungs(σ)-, Verformungs(ε)-, Temperatur(T)-Diagramm. Oberhalb von M_d zeigen Formgedächtnislegierungen normales Verformungsverhalten in Abhängigkeit von der Temperatur und der mechanischen Spannung. Zwischen M_d und A_s tritt pseudoelastisches Verhalten und unterhalb von A_s pseudoplastisches Verhalten auf.

dig aufgehoben. Das pseudoelastische Verhalten findet besonders in der Medizintechnik Anwendung.

– *Pseudoplastizität oder Einwegeffekt (EWE):* Bei Einwirken einer äußeren Kraft im Tieftemperaturzustand (T < M_s) tritt eine Verformung auf, die als „pseudoplastisch" bezeichnet wird. Es handelt sich um eine nur scheinbar bleibende Deformation des Materials, die durch eine nachfolgende Erwärmung (T > A_f) wieder aufgehoben werden kann. Dabei ist der Werkstoff in der Lage, große Kräfte durch Unterdrückung der Formänderung zu erzeugen. Der maximal mögliche Effektbetrag liegt bei etwa 10%. Zur Einstellung des EWE ist folglich die vorherige Verformung eine notwendige Voraussetzung. Aus diesem Grund ist der EWE für Anwendungen, die auf der wiederholten Ausnutzung des Formgedächtniseffektes beruhen, wie dieses z.B. bei Greifern, Aktoren oder Stellelementen der Fall ist, ungeeignet.

– *Zweiwegeffekt (ZWE):* Für die Herstellung von Aktoren oder Greifelementen ist die Ausnutzung des Zweiwegeffektes notwendig. Beim ZWE ist sowohl das Aufheizen als auch das Abkühlen des Formgedächtnisbauteils mit einer Formänderung verbunden. Zur Einstellung eines ZWE sind grundsätzlich drei verschiedene Möglichkeiten zu unterscheiden:

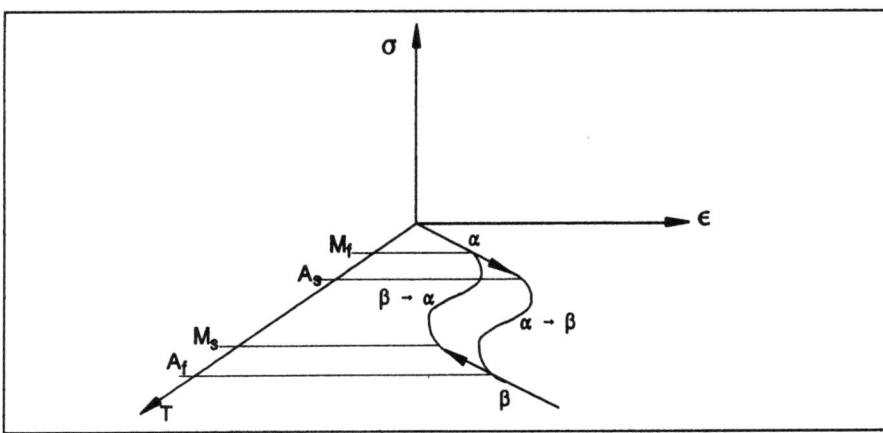

Abb. 2: *Intrinsisches Zweiweg-Verhalten einer durch thermo-mechanisches Training behandelten Probe. Die Formänderung tritt ohne vorhergehende Verformung auf, da sich die Tieftemperaturphase Martensit entsprechend der inneren Spannungsfelder direkt orientiert bildet.*

I. Intrinsischer ZWE (Abb. 2): Um einen intrinsischen Effekt einzustellen, muß der Werkstoff einem speziellen Lernprogramm, dem Zweiwegtraining, unterworfen werden. Während des Lernprogramms wird die Bildung des Martensits aus dem Austenit durch die gezielte Erzeugung innerer Spannungen beeinflußt. Die Martensitkristalle wachsen durch die Auswirkungen der Spannungsfelder in bestimmten bevorzugten Orientierungen, so daß auch beim Abkühlen der Probe eine Formänderung erzielt wird.

II. ZWE im System: Auch äußere Einflußgrößen, z. B. eine von außen aufgebrachte Spannung, können die Bildung von orientiertem Martensit bewirken. Dazu wird das Formgedächtniselement im martensitischen Zustand durch eine äußere Spannung verformt. Bei der nachfolgenden Umwandlung durch Erwärmen in den Austenit bewirkt das Formgedächtniselement eine Formänderung entgegen der vorhandenen Last, vorausgesetzt die äußere Spannung übersteigt nicht die Streckgrenze des Austenits. Der ZWE im System stellt sich während des Abkühlens unter Last ein und gilt deshalb auch als sich automatisch wiederholender EWE. Die Formänderungen werden durch mindestens zwei Elemente bewirkt, die gemeinsam ein mechanisches System bilden: das FG-Element und ein kraftausübendes Element.

III. Zweiwegeffekt im Verbundwerkstoff (Abb. 3): Durch die Verwendung eines Verbundwerkstoffes, bestehend aus einem Formgedächtnissubstrat und einem polymeren Gegenwerkstoff, ist es möglich, einen ZWE ohne Trainingsbehandlung zu erzeugen. Dazu wird ein im Tieftemperaturzustand verformtes

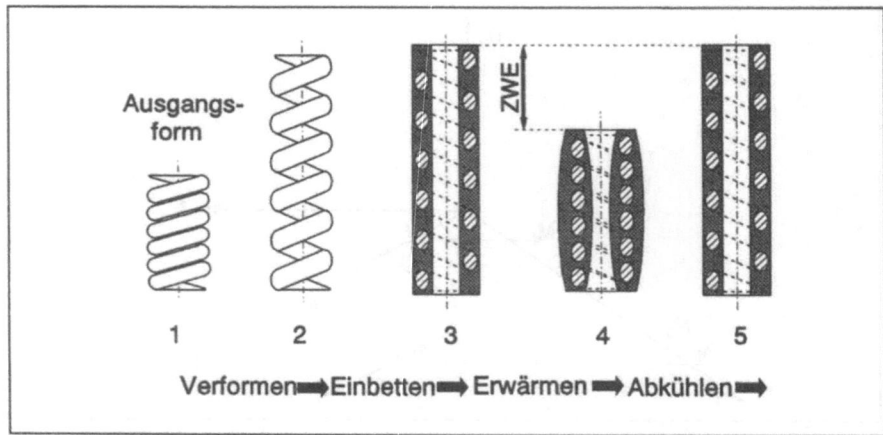

Abb. 3: Funktionsprinzip des Zweiwegeffektes im Verbundwerkstoff. Das Element (Schraubenfeder) aus Formgedächtnismaterial (1) wird im martensitischen Zustand verformt (2) und anschließend in die Elastomermatrix einvulkanisiert (3). Nach dem Vernetzen des Kautschuks tritt bei Erwärmung (4) und nachfolgender Abkühlung (5) die Zweiwegformänderung ein.

Formgedächtniselement (Abb. 3, 1 → 2) mit einem Polymerwerkstoff überzogen (2 → 3). Bei einer nachfolgenden Erwärmung des Verbundwerkstoffes (3 → 4) erinnert sich das Formgedächtniselement an seine Ausgangsform (Abb. 3, 1). Dabei wird die Polymerkomponente elastisch verformt und speichert die Verformungsenergie bis zur Abkühlung des Substrates (4 → 5). Durch Einwirken der inneren Spannungen des Verbundwerkstoffes wird eine orientierte Bildung der Martensitkristalle hervorgerufen, die zu einer Zweiwegformänderung führt. Betrag, Richtung und Freiheitsgrade des Effektes lassen sich durch Variation der mechanischen Eigenschaften der Komponenten, der Ausgangsform und der Volumenanteile nahezu beliebig verändern.

2. Aufbau des Verbundwerkstoffes

I. Formgedächtnissubstrat

Eine Reihe von Legierungssystemen besitzt Formgedächtniseigenschaften. Praktische Verwendung finden derzeit jedoch nur die Cu-Basislegierungen und die Legierungen auf der Basis der intermetallischen Verbindung NiTi. Die NiTi-Legierungen weisen den größten Effektbetrag auf und zeigen die beste Effektstabilität bei guter Überhitzbarkeit. Sie besitzen einen höheren ohmschen Widerstand, was für die elektrische Ansteuerung günstig ist. Aus diesen Gründen eignen sich die NiTi-Legierungen besonders zur Herstellung von Formgedächtnisgreifern.

II. Polymerwerkstoff

Das Anforderungsprofil an die Polymerkomponente wird durch die Eigenschaften des Formgedächtnissubstrates und die Erfordernisse der Verbundherstellung bestimmt. Als besonders geeignete Verbundpartner erweisen sich die raumtemperaturvernetzenden zweikomponentigen Siliconkautschuke (RTV-2 Silicone). Sie besitzen die folgenden wichtigen Eigenschaften:
- hohes elastisches Formänderungsvermögen (bis zu mehreren hundert Prozent),
- kaltvernetzend: keine Beeinflussung des FG-Substrates durch Temperaturerhöhung während der Aushärtung,
- hohe thermische Stabilität (geringer Druckverformungsrest auch nach Einwirkung hoher Temperaturen (220–250 °C)).

Da die zweikomponentigen Siliconkautschuke für ihre guten Trenneigenschaften bekannt sind, ist mit ungünstigen Adhäsionsbedingungen bei der Herstellung eines Verbundwerkstoffes zu rechnen. Das Haftungsvermögen des Siliconkautschuks auf dem FG-Substrat sollte möglichst hoch sein, um ein zuverlässiges Bauteil auf der Grundlage des Zweiwegeffektes im Verbund zu gestalten. Der Bestimmung des Haftungsvermögens der Verbundkomponenten kommt daher besondere Bedeutung zu.

III. Haftung der Verbundkomponenten

Das Haftungsvermögen des Verbundwerkstoffs wird exemplarisch anhand einer speziell entwickelten Mode-II-Verbundprobe untersucht (Abb. 4). Die Verbundwerkstoffprobe besteht aus zwei parallelen NiTi-Blechen. Als Versuchsparameter werden die Art der mechanischen oder chemischen Oberflächenvorbehandlung (Schleifen, Polieren, Sandstrahlen, Ätzen), die Art des Haftvermittlers (zwei verschiedene Grundierungen) sowie das Siliconpolymer (drei Kautschuktypen) variiert. Die Bleche, deren Oberflächen durch die verschiedenen Präparationsverfahren auf die Verbundherstellung vorbereitet sind, werden durch eine einlaminierte, 3 mm dicke Schicht Siliconkautschuk miteinander verbunden. Die Prüfung der Scherproben erfolgt in einer konventio-

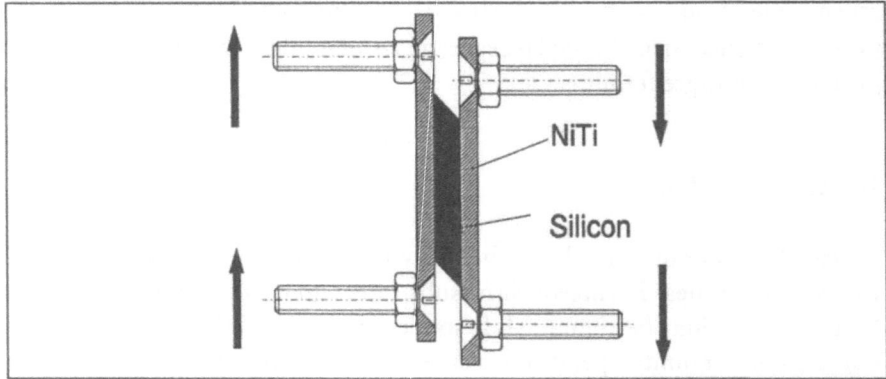

Abb. 4: Probenform der Mode-II-Verbundprobe zur Haftungsprüfung im Scherversuch.

nellen Zugprüfmaschine, wobei die Einspannung den Belastungsfall „reiner Schub" gewährleistet. Aufgezeichnet wird die Kraft über der Probenverformung.

Als wichtigstes Ergebnis der Haftfestigkeitsuntersuchung zeigt sich, daß bei allen untersuchten Verbundproben vorwiegend kohäsives Versagen auftritt, falls der optimale Haftvermittler gewählt wird. Unter dieser Voraussetzung übersteigt die Festigkeit der Phasengrenze die Festigkeit des Kautschuks (= kohäsives Versagen). Damit ist die Funktionsfähigkeit des Verbundes bei Verwendung des optimalen Haftvermittlers grundsätzlich gewährleistet. Von geringerer Bedeutung ist die Art der Oberflächenpräparation durch mechanische oder chemische Verfahren.

Manche Proben weisen in Kantennähe Bereiche mit adhäsiver Ablösung auf (Tafel I). Bei polierten Oberflächen sind die adhäsiven Ablösungsbereiche am stärksten ausgeprägt. Sandgestrahlte Oberflächen zeigen keine Randablösungen. Zurückzuführen sind diese Effekte auf eine fehlerhafte Benetzung mit Grundierung im Bereich der Blechkante. Offenbar tritt an den polierten aber auch abgeschwächt an den geätzten Substraten ein Kanteneffekt auf, der auf die Oberflächenspannung des Grundierungsfilms zurückzuführen ist. Die Grundierung zieht sich auf der glatten Oberfläche von der Kante zurück. Eine extrem rauhe Oberfläche zeigt diesen Effekt nicht. Besonders günstig zur Erzielung einer hohen Verbundfestigkeit ist die Substratvorbehandlung durch Sandstrahlen oder Schleifen (Abb. 5). Weniger geeignet sind das Polieren und das Ätzen. Einerseits ist bei diesen Verfahren mit einem Kanteneffekt zu rech-

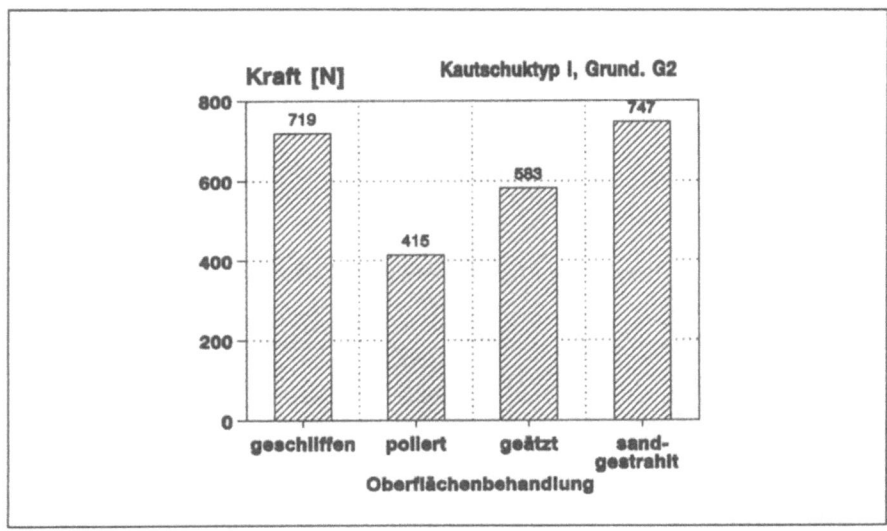

Abb. 5: Im Scherversuch aufgenommene Maximalkraft der Mode-II-Verbundwerkstoffproben mit dem Kautschuktyp I. Die beste Haftung erzielen sandgestrahlte Oberflächen.

nen, andererseits bietet ein poliertes oder geätztes Blech kein ausgeprägtes Oberflächenrelief mit Hinterschneidungen, die zu einer mechanischen Verbindung der Komponenten beitragen.

Die im Scherversuch gewonnenen Ergebnisse sind bei strenger Betrachtung nur für sich nicht verformende Oberflächen gültig. Wie sich in der Anwendung von FGL in der Substratoberfläche auftretenden Verformungen auf die Verbundfestigkeit auswirken, kann zur Zeit nicht untersucht werden. Tatsächlich hergestellte Verbundelemente besitzen jedoch auch nach mehreren FG-Zyklen noch intakte Grenzflächen. Es empfiehlt sich dennoch, bei der Entwicklung von FG-Verbundelementen einen möglichst vollständigen Formschluß zwischen FG-Substrat und Kautschuk vorzusehen. Auch bei Grenzflächenablösungen ist dann nicht mit dem Versagen des Bauteils zu rechnen.

3. Verbundelemente mit Zweiwegeffekt: Fingeraktoren

Ein Beispiel für die sinnvolle Umsetzung des Verbundprinzips stellt die Konstruktion eines runden Biegeaktors in der Dimension eines menschlichen Fingers dar.

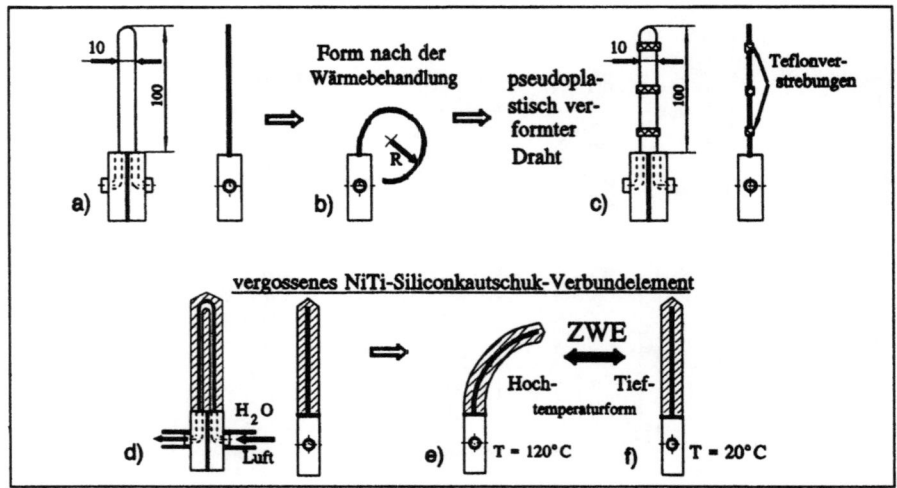

Abb. 6: Herstellung und Zweiwegeffekt der Fingeraktoren:
   a) Um 180° gebogener und auf einem Al-Sockel befestigter Draht.
   b) Um 270° gebogene Hochtemperaturform nach der Wärmebehandlung.
   c) Durch Streckung pseudoplastisch verformter Draht. Zur Erhöhung der Steifigkeit sind drei Teflon-Verstrebungen angebracht.
   d) Eingebettetes Element mit Kühlkanälen.
   e/f) Zweiwegeffekt des Fingeraktors.

Zur Herstellung des „Fingeraktors" wird zunächst eine um 180° gebogene NiTi-Drahtschleife mit rechteckiger Querschnittsfläche auf einem elektrisch geteilten Aluminiumsockel befestigt. Die Drahtschleife wird anschließend in ihre gekrümmte Hochtemperaturform gebracht und bei 600 °C geglüht (Abb. 6). Durch pseudoplastische Verformung wird der abgekühlte Draht in die gestreckte Tieftemperaturform gebogen und nach der Oberflächenvorbehandlung mit dem Kautschuktyp I in einer Teflonform vergossen. Nach dem Entformen wird der mit Wachs eingeformte Kern durch eine kurze Wärmebehandlung verflüssigt und fließt durch Bohrungen im Sockel ab. Dadurch entsteht ein Kühlkanal an der Drahtinnenseite, der mit Wasser oder Luft durchströmt werden kann und zu einer Beschleunigung der Abkühlphase beiträgt. Es steht anschließend ein Element zur Verfügung, das für die Verwendung in einem Mehrfinger-Greifer geeignet ist. Der Fingeraktor wiegt ca. 30 g und ist in der Lage, Kräfte von maximal 10 N zu erzeugen. Diese Kraft entsteht, wenn die Formänderung durch einen Gegenkörper vollständig unterdrückt wird. Aufheizen (Schließen) und Abkühlen (Öffnen) dauern jeweils nur wenige Sekunden.

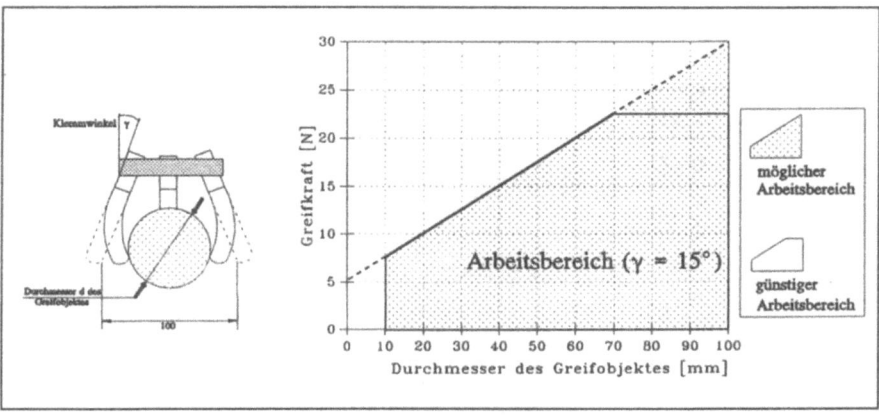

Abb. 7: Abhängigkeit der Greifkraft vom Objektdurchmesser. Bei gegebener Winkelstellung der Finger ($\gamma = 15°$) können Objekte zwischen 10 und 100 mm gehandhabt werden. Der günstigste Arbeitsbereich liegt zwischen 10 und 70 mm. Der vollständig unterdrückte FG-Effekt (Objektdurchmesser ca. 100 mm) führt zu frühzeitiger Ermüdung.

Drei dieser Finger werden an einem gemeinsamen Sockel befestigt und somit zu einem Greifelement zusammengefaßt. Der Sockel besteht aus einer PVC-Scheibe, an der im Winkel von jeweils 120° drei Aluminium-Querstreben angeschraubt werden. Der Klemmwinkel γ zwischen dem Sockel und den Fingern beträgt 15° (Abb. 7).

Zwischen je zwei dieser Streben wird ein Fingeraktor geklemmt. Die Finger sind elektrisch in Reihe geschaltet. Die Wasserzufuhr wird mit Hilfe einer Miniaturpumpe gewährleistet, die Kühlwasser aus einem Reservoir durch die Finger pumpt. Der Greifer kann Kräfte bis zu 30 N erzeugen. Diese Greifkraft wird nur bei Objektdurchmessern von 100 mm, d. h. bei vollständig unterdrücktem Formgedächtnis, erreicht. Der Formgedächtniseffekt ist in diesem Fall jedoch nicht ausreichend stabil, so daß die maximale dauerhaft nutzbare Greifkraft auf 22 N festgesetzt wird. Daraus ergibt sich ein Arbeitsbereich für Objekte mit 10 bis 100 mm Durchmesser, in dem Greifkräfte zwischen 0 und 22 N erzeugt werden können. Kleinere Objekte können lediglich mit geringer Kraft gegriffen werden.

Das Greifen von Objekten mit einem Durchmesser von ca. 80 bis 100 mm führt bei hohen Kräften zu einer frühzeitigen Materialermüdung (Abb. 8). Ursache des durch die Ermüdung hervorgerufenen Kraftabfalls ist vermutlich das Auftreten plastischer Verformung im Formgedächtnisdraht, das zu einer Beeinflussung der Orientierungsbeziehung zwischen Martensit und Austenit führt.

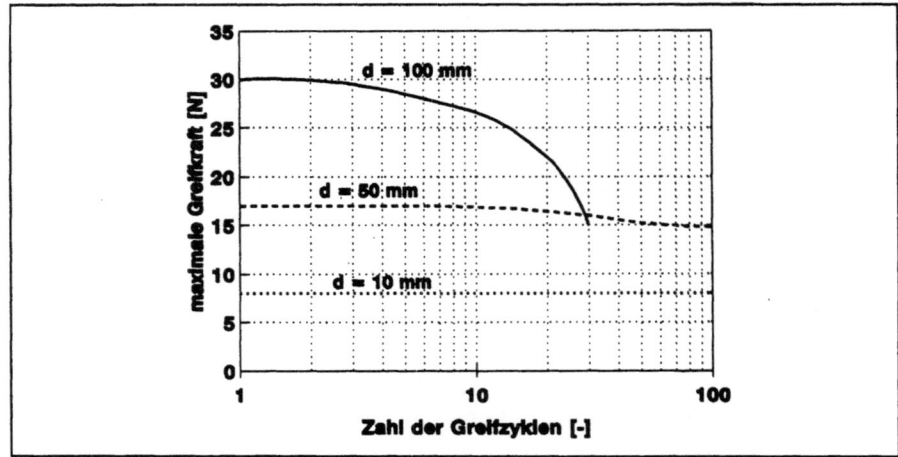

Abb. 8: Stabilität des Formgedächtniseffektes in Abhängigkeit vom Durchmesser des Greifobjektes ($\gamma = 15°$). Bei sehr großen Objekten werden hohe Maximalkräfte erzeugt, der Effekt ist jedoch nicht stabil. Das Greifen etwas kleinerer Objekte verringert zwar die erreichbare Greifkraft, doch bleibt der Effekt konstant.

4. Ausblick

Das vorgestellte Modell eines Robotergreifers demonstriert die Möglichkeit, durch die gezielte Kombination eines Formgedächtnismetalls mit einem Siliconelastomer zu einem „Smart Material" eine flexible Greiferhand zu entwickeln (Tafel II). Der Greifmechanismus arbeitet ohne Gelenke, Getriebe oder sonstige bewegte Teile und ist daher absolut verschleiß-, geräusch- und vibrationsfrei. Das Modell weist damit entscheidende Voraussetzungen für den Einsatz z. B. im Reinstraumbereich, in der Unterwassertechnologie oder auch im Weltraum auf.

Dabei bietet das Verbundprinzip ein umfangreiches Potential für die Neugestaltung von Aktoren. Die beiden Komponenten FG-Substrat und Elastomer können jeweils mehrere Aufgaben übernehmen. Das Formgedächtnissubstrat kann neben der Krafterzeugung durch On-Line-Messung des elektrischen Widerstandes während der Umwandlung als „interner" Verformungs- und Kraftsensor genutzt werden. Das Siliconelastomer dient primär der Speicherung der Energie für die Rückverformung. Darüber hinaus bewirkt es eine elektrische Abschirmung des Formgedächtnisdrahtes und kann durch die besonderen Verarbeitungseigenschaften die zur Kühlung erforderlichen Kanäle enthalten. Es kann zusätzlich zum Formgedächtnissubstrat Teilauf-

Greifmechanismus aus neuen Verbundwerkstoffen 17

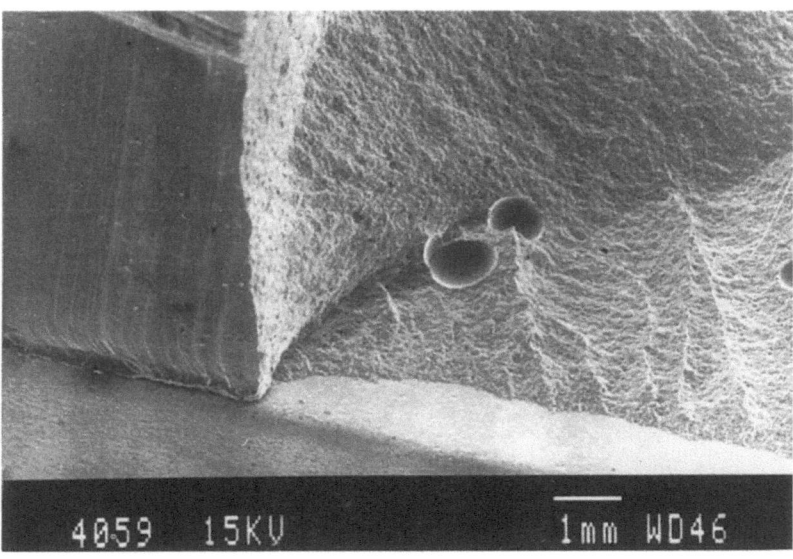

Tafel I: Rasterelektronenmikroskopische Aufnahme der Anrißbildung im Silicon entlang der Blechkante aufgrund unzureichender Benetzung mit Haftvermittler.

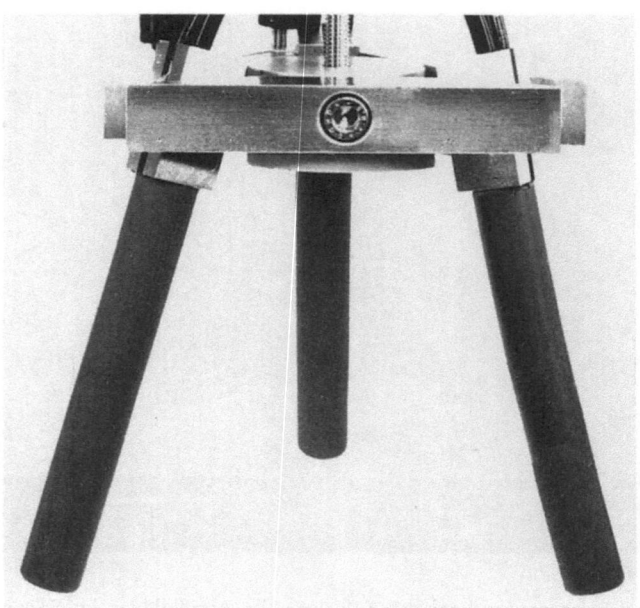

Tafel II: Funktionsweise des entwickelten Greifmechanismus. Im kalten Zustand ist der Greifer geöffnet. Erwärmung der FG-Drähte durch Widerstandswirkung führt zur Greifbewegung.

gaben der Sensorik erfüllen. Damit ergeben sich für die Implikation einer Regelung der Fingerbewegung zahlreiche Ansatzpunkte. Die Verbindung der Formgedächtnislegierung mit einem Siliconelastomer zu einem Verbundwerkstoff stellt damit eine Möglichkeit dar, ein „intelligentes Werkstoffsystem" zu entwickeln und unterstreicht die unbedingte Notwendigkeit, verschiedene Werkstoffgruppen mit ihren unterschiedlichen Eigenschaften zu kennen und zu verstehen.

Literatur

[1] E. Hornbogen: Legierungen mit Formgedächtnis, Rheinisch-Westfälische Akademie der Wissenschaften, Vorträge N 388, Westdeutscher Verlag, 1991.
[2] E. Hornbogen: Legierungen mit Formgedächtnis – Neue Werkstoffe für die Technik der Zukunft? Metall 41 (1987), 488–493.
[3] D. Stöckel (Hrsg.): Legierungen mit Formgedächtnis, expert Verlag, Böblingen, 1988.
[4] K. Escher: Die Zweiweg-Formgedächtniseffekte zur Herstellung von Greifelementen, Düsseldorf: VDI-Verlag 1993. VDI-Fortschrittberichte, Reihe 5, Nr. 298.
[5] K. Escher, M. Mertmann, Ch. Haastert: Entwicklung eines Greifmechanismus aus Formgedächtnis-Silicon-Verbundwerkstoffen, METALL 47 (1993), 644–647.
[6] K. Escher: Zweiweg-Formgedächtnistraining von NiTi-Legierungen, METALL 44 (1990), 23–28.
[7] T. W. Duerig (Hrsg.): Engineering Aspects of Shape Memory Alloys, Butterworth-Heinemann LTD, London, 1990.
[8] M. Thumann, B. Velten, E. Hornbogen: Composites Containing SM Fibres, Proc. ICOMAT 86, Nara, Japan, 1029–1034.

Die Funktion biologischer photosensorischer Pigmente

von *Wolfgang Gärtner*, Mülheim an der Ruhr

Einleitung

Verhalten und Entwicklungsprozesse von Tieren, Mikroorganismen und Pflanzen werden in vielfältiger Weise durch Licht gesteuert. Die visuelle Wahrnehmung steuert bei Tieren das Sozialverhalten, trägt zur Beutefindung bei und löst Fluchtverhalten aus. Ähnlich wichtige Funktionen nimmt die Phototaxis niederer Tiere, einzelliger Grünalgen und Bakterien ein. Auch für die standortfesten Pflanzen ist eine Einschätzung der Lichtverhältnisse ihrer Umgebung wichtig, bildet doch das Licht die Energiequelle für die pflanzliche Photosynthese. Weiterhin benötigen die Pflanzen eine Kontrolle über die Sonnenposition, die Tageslänge, bzw. den – auch jahreszeitlich veränderlichen – Tag/Nachtrhythmus und über eine eventuelle Abschattung durch überwachsende andere Pflanzen. Zu beachten ist auch die prinzipielle Photorezeption eines Pflanzenkeimlings, der erst nach Durchbrechen der Erdoberfläche die volle Lichtintensität erfährt und dann beginnt, seine Chlorophyllbiosynthese anzuschalten bzw. die Bausteine für die Photosynthese herzustellen.

Die biochemische Grundlage der Lichtperzeption bilden Chromoproteine mit großem Molekulargewicht, die eine für die jeweilige absorbierte Lichtwellenlänge verantwortliche niedermolekulare Verbindung („Chromophor") kovalent gebunden in sich tragen. Die spezifische Einwirkung von Aminosäuren des Proteins auf den Chromophor modifiziert dessen photochemische Eigenschaften in weiten Grenzen. Entsprechend finden sich sensorische Pigmente mit Absorptionen im gesamten Bereich des einfallenden Sonnenlichts vom nahen Ultraviolett bis fast ins Infrarot. Während in den photosensorischen Pigmenten der Pflanzen (den Phytochromen) der offenkettige Tetrapyrrolchromophor *Phytochromobilin* nachgewiesen wird (Abb. 1), findet sich in den visuellen bzw. phototaktischen Pigmenten von Tieren und vielen Mikroorganismen der Aldehyd des Vitamin-A, *Retinal* (Abb. 1). Interessanterweise läßt sich in verschiedenen Arten von Grünalgen entweder der eine oder der andere Chromophor nachweisen.[1]

---

[1] Die im kurzwelligen bis ultravioletten Spektralbereich absorbierenden, höchstwahrscheinlich Flavin- oder Pterinchromophore enthaltenden Rezeptoren, die i. a. eine photophobe (Schutz- oder Flucht)reaktion hervorrufen, werden in dieser Darstellung nicht behandelt.

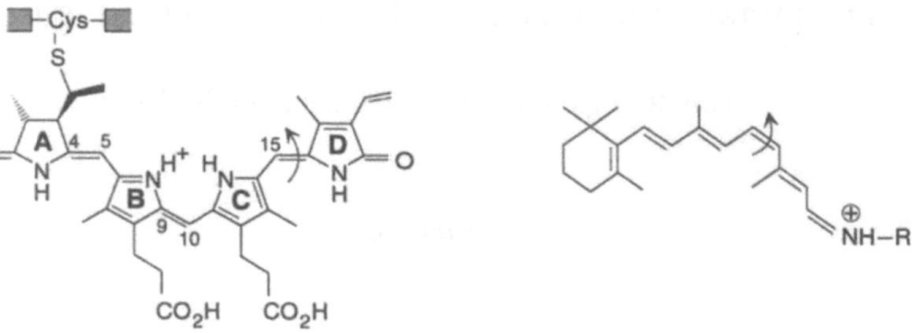

Abb. 1: Strukturformeln der Chromophore biologischer Photorezeptoren. Links: Der Chromophor des pflanzlichen Pigments Phytochrom. Dieser Chromophor ist kovalent mit dem Protein über eine Thioetherbrücke verbunden, die zwischen der Position 3´ des Chromophors (im freien Molekül liegt hier eine Ethylidengruppe vor) und einer SH-Funktion der Aminosäure Cystein ausgebildet wird. Der Chromophor ist im Protein-gebundenen Zustand möglicherweise protoniert und wird hier in der all-Z, anti-, syn-, anti-Konfiguration dargestellt. Bei Belichtung photoisomerisiert die Doppelbindung C15–C16 ($Z \rightarrow E$) zwischen den Ringen C und D. Rechts: Der Chromophor tierischer Photorezeptoren, Retinal. Das Molekül ist über eine protonierte Schiffsche Base mit einem Lysinrest der Peptidkette verbunden (das Protein wird durch „R" symbolisiert) und liegt im Ruhezustand in der 11-cis-Form vor. Bei Lichtabsorption isomerisiert diese Bindung in die trans-Geometrie. Die Isomerisierungsrichtungen sind durch Pfeile angedeutet.

Photorezeptormoleküle weisen i. a. einen Ruhezustand hoher thermischer Stabilität auf, der sich bei Lichtabsorption durch den Chromophor in den physiologisch aktiven Zustand umwandelt. Die Umwandlung des Ruhezustands in die aktive Konformation ist aufgrund der engen Wechselwirkung zwischen Chromophor und Protein meist kenntlich durch eine sog. Photochromie, d. h., durch unterschiedliche Absorptionseigenschaften der ineinander überführbaren Zustände. Die zugrundeliegende photochemische Reaktion, die Photoisomerisierung einer bestimmten Doppelbindung des Chromophors, läuft dabei im ps-Zeitbereich ab und führt im Verlauf mehrerer ms zu einer Umwandlung der gesamten Rezeptorkonformation, die es in der weiteren Abfolge der *Signaltransduktion* zellulären Proteinen ermöglicht, an neuformierten Domänen des Rezeptors zu binden und ihrerseits in einen aktivierten Zustand überzugehen. Damit wird das von außen aufgenommene Signal in das Zellinnere weitergetragen, so daß es zu einer Zellantwort kommt (Abb. 2). Zu der in der Abbildung als „physiologische Antwort der Zelle" bezeichneten Reaktion lassen sich im Detail einige Beispiele angeben: Die primäre zelluläre Reaktion besteht häufig in einer Änderung des Ionenmilieus der Zelle auf beiden Seiten der Zellmembran („Membranpotentialänderung"), an die sich makroskopisch beobachtbare Verhaltens- und Zustandsänderungen an-

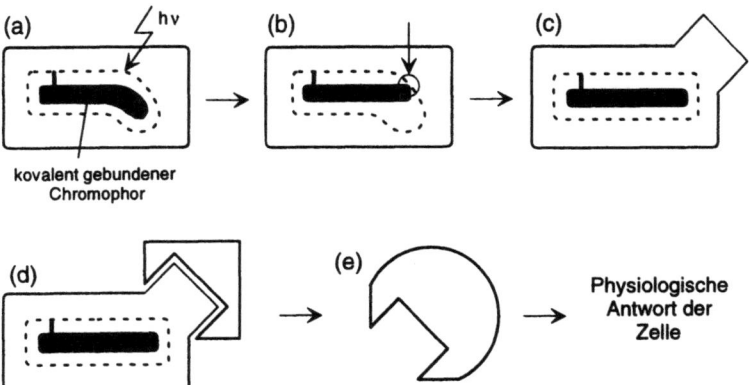

Abb. 2: Schematische Darstellung der Funktion biologischer Photorezeptoren: Bei Lichtabsorption („hv") des Ruhezustands isomerisiert der in das Protein eingebettete Chromophor innerhalb weniger ps (a → b). Die dadurch entstehenden sterischen und elektronischen Änderungen im Proteininneren (Zustand b) führen durch konformelle Änderungen in Proteinbereichen, die in das Zellinnere hineinragen, zum physiologisch aktiven Zustand (c). An diese neu formierten Domänen binden signalübertragende Proteine (d), die nach ihrer eigenen Aktivierung die im Text erwähnten unterschiedlichen Zellantworten initiieren (e).

schließen: Bei Pflanzen findet man z. B. Keimungsinduktion, Beginn der Chlorophyllbiosynthese, verändertes Längenwachstum und Blühverhalten, aber auch eine Kontrolle über die circadianen Rhythmen. Bei Tieren werden u. a. neuronale Impulse, phototaktisches Verhalten und ebenfalls circadiane Rhythmen ausgelöst bzw. gesteuert.

Der pflanzliche Lichtsensor Phytochrom

Die soeben eingeführte Eigenschaft der Photochromie ist im pflanzlichen Pigment *Phytochrom* deutlich ausgeprägt (Abb. 3), wobei die als P_r (r = *red*) bezeichnete Form (λ_{max}: 665 nm) den Ruhezustand, die als P_{fr} (fr = *far red*) bezeichnete Form (λ_{max}: 730 nm) den physiologisch aktiven Zustand darstellt [1]. Da die P_{fr}-Form ihrerseits photochemisch aktiv ist und bei Absorption von Licht geeigneter Wellenlänge in die Ausgangsform zurückreagiert, stellt Phytochrom ein photoreversibles System, also einen lichtinduzierten Schalter, dar. Die gegenseitige Umwandlung der beiden Phytochromzustände wurde durch Anwendung einer Reihe spektroskopischer Methoden untersucht, mit deren Hilfe diese Reaktionen bei Raumtemperatur zeitaufgelöst über neun Größenordnungen (ps bis ms) verfolgt werden konnten.

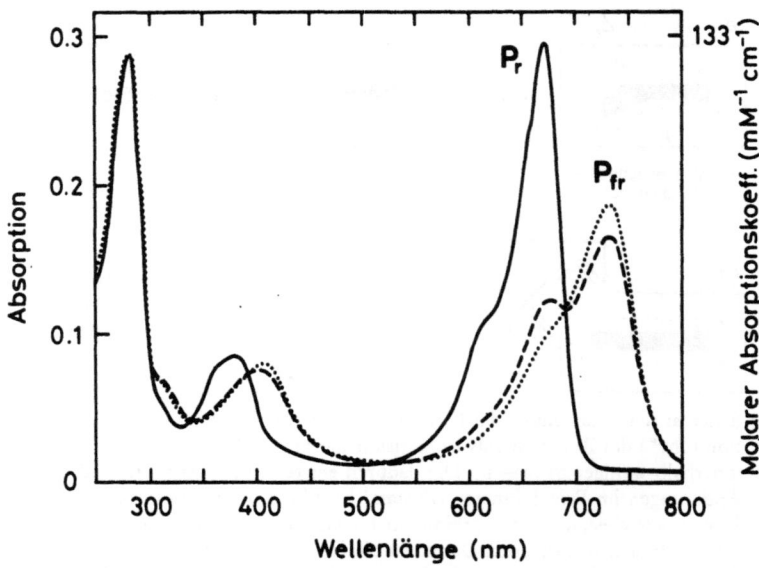

Abb. 3: Photochromie der Phytochromreaktion. Der Ruhezustand (P_r) absorbiert bei ca. 665 nm und wird nach Photoisomerisierung in den P_{fr}-Zustand umgewandelt, der eine Absorption bei 730 nm aufweist. Die gestrichelt dargestellte Absorptionskurve stellt ein Photogleichgewicht beider Formen dar, während die gepunktet dargestellte Kurve ein berechnetes reines P_{fr}-Spektrum widergibt (nach Schaffner, 1988). Diese Photoreaktion ist durch erneute Belichtung mit geeigneter Wellenlänge in die Ausgangsform (P_r) zurückführbar.

Die Phytochrome bilden eine in höheren Pflanzen, Farnen, Moosen und einigen Grünalgen allgegenwärtige Proteinfamilie [2, 3]. Über die ubiquitäre Verbreitung hinaus finden sich in einer einzelnen Pflanzenart meist mehrere Phytochrome mit jeweils etwas abgewandelten Proteinsequenzen, die unterschiedliche Aufgaben erfüllen. So weisen Keimlinge große Mengen eines Phytochromtyps auf, der nach der allerersten Lichtabsorption nahezu vollständig abgebaut wird, während in der grünen Pflanze auch unter Belichtung andere Phytochrome dauernd in konstanten oder variablen Konzentrationen präsent sind.

Einige der anfangs dargelegten, engen Chromophor-Proteinwechselwirkungen, die für die Funktion der Photorezeptoren essentiell sind, lassen sich für Phytochrom eindrucksvoll demonstrieren:

Das gesamte Phytochrommolekül[2] besteht aus mehr als 1100 Aminosäuren, die sich in zwei Domänen etwa gleicher Größe falten. Die vordere, sog. amino-

---

[2] Im folgenden wird beispielhaft das Phytochrom des Hafers vorgestellt, für das die umfangreichsten strukturellen und funktionellen Informationen vorliegen.

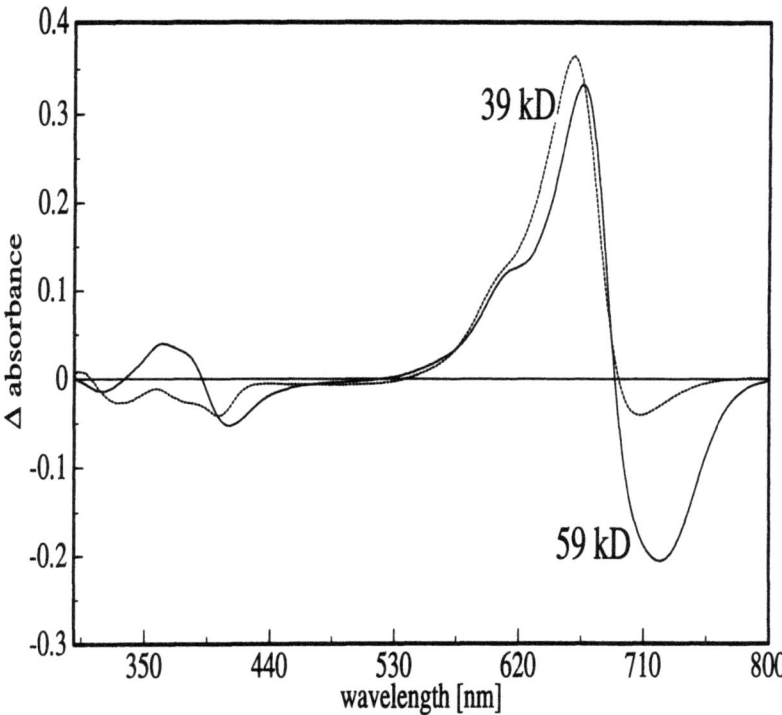

Abb. 4: Spektrale Eigenschaften der proteolytischen 59- und 39-kDa-Bruchstücke des Phytochroms. Dargestellt sind die Differenzspektren ($P_r - P_{fr}$), die jeweils durch dunkelrote (>730 nm) bzw. rote (665 nm) Belichtung erzeugt werden.

oder N-terminale Hälfte ist hauptsächlich verantwortlich für die korrekte Einbindung des Chromophors. Auch hier zeigt sich der Einfluß der Proteinumgebung auf die Reaktivität des Chromophors in Photorezeptoren: Es ist primär nur die Doppelbindung zwischen den beiden Ringen C und D (s. Abb. 1), die bei Absorption eines Photons ihre Isomerie ändert. Dagegen erhält man zwei Photoisomere in deutlich geringeren Ausbeuten, wenn der Chromophor nicht im Protein, sondern in organischen Lösungsmitteln belichtet wird. Diese Isomere sind im Gegensatz zum Chromophor im P_{fr}-Zustand des Phytochroms nicht thermisch stabil und wandeln sich in das stabilste all-Z, all-syn Isomer um. Die Identifizierung der aktiven Doppelbindung gelang durch die Resonanz-Ramanspektroskopie, eine schwingungsspektroskopische Methode, die mit Hilfe der Untersuchung von Modellverbindungen und unter Einbeziehung quantenchemischer Rechnungen die Konformation und Konfiguration des absorbierenden Chromophors detektiert [4–6].

Die N-terminale Domäne ist über ein als „Scharnier" bezeichnetes Proteinstück mit der hinteren, der carboxy- oder C-terminalen Hälfte des

Phytochroms verbunden, die als Sitz der physiologischen Kontaktstellen zu zellulären Proteinen vermutet wird [7, 8]. Weiterhin lassen sich in diesem Proteinbereich Aminosäuresequenzen identifizieren, die für die unter physiologischen Bedingungen vorliegende dimere Struktur des Phytochroms verantwortlich sind. Diese Einteilung wurde nicht willkürlich vorgenommen, sondern läßt sich an Hand biochemischer Experimente nachweisen: Spaltet man durch Einwirkung eines proteolytischen Enzyms die hintere Hälfte des Phytochroms ab, so verliert man die physiologische Aktivität, wenn derartige Konstrukte in transgenen Pflanzen untersucht werden [8, 9], die Photochemie derartiger Fragmente kann *in vitro* weiterhin nachgewiesen werden (Abb. 4).

Bei einer Proteingröße von ca. 59 000 Dalton (59 kDa) wird bei Enzymeinwirkung offensichtlich eine Grenze erreicht, da eine weitergehende proteolytische Spaltung, die zu einem Fragment mit einem Molekulargewicht von ca. 39 kDa führt, nun auch eine Änderung der photochemischen Eigenschaften bewirkt: Dieses Chromopeptid, das etwa die Aminosäuren des vorderen Drittels des Phytochroms enthält (Aminosäuren 65 bis 425), zeigt zwar das Spektrum des Ruhezustands (P_r-Form), die P_{fr}-Form aber weist verringerte thermische Stabilität und ein deutlich verändertes Spektrum mit einem kleinen Extinktionskoeffizienten auf (Abb. 4). Allerdings ist zu erwähnen, daß die Verwendung von Enzymen zur Spaltung natürlichen Phytochroms immer auch einen Bereich von ca. 65 Aminosäuren am vorderen Ende mit entfernt, so daß man in der Interpretation der Eigenschaften dieser so erhaltenen Bruchstücke eingeschränkt ist.

Um die Bedeutung der vorderen, den Chromophor haltenden Hälfte des Phytochroms genauer beschreiben zu können, werden in verstärktem Maße die Methoden der Molekularbiologie eingesetzt, die es z. B. erlauben, nahezu jede Aminosäure eines Proteins gegen jede andere auszutauschen, Proteinbereiche zu verkleinern bzw. zu vergrößern oder die Länge eines untersuchten Proteins beliebig zu verändern. Diese letztgenannte Methode, die durch die Einführung von sog. „stop"-Codons die Länge der für Phytochrom kodierenden DNA an verschiedenen Stellen terminiert, erlaubt die Simulation der tryptischen Spaltung (Einführung der stop-Codons an den Erkennungsstellen des proteolytischen Enzyms) oder die Generierung neuer Fragmente mit Molekülgrößen, die durch Enzymeinwirkung nicht erzeugt werden können.

Entsprechend exprimieren wir Phytochromstücke unterschiedlicher Länge in dem Bakterium *Escherichia coli* und regenerieren diese Peptide anschließend mit einem Chromophor zu photoreversiblen Phytochromderivaten [10, 11]. Für diese Experimente ist die nachträgliche Zugabe des Chromophors von Bedeutung, da eine erfolgreiche Rekonstitution eine (zumindest in Teilbereichen des Peptids) korrekte, d. h., dem nativen Phytochrom entsprechende Faltung

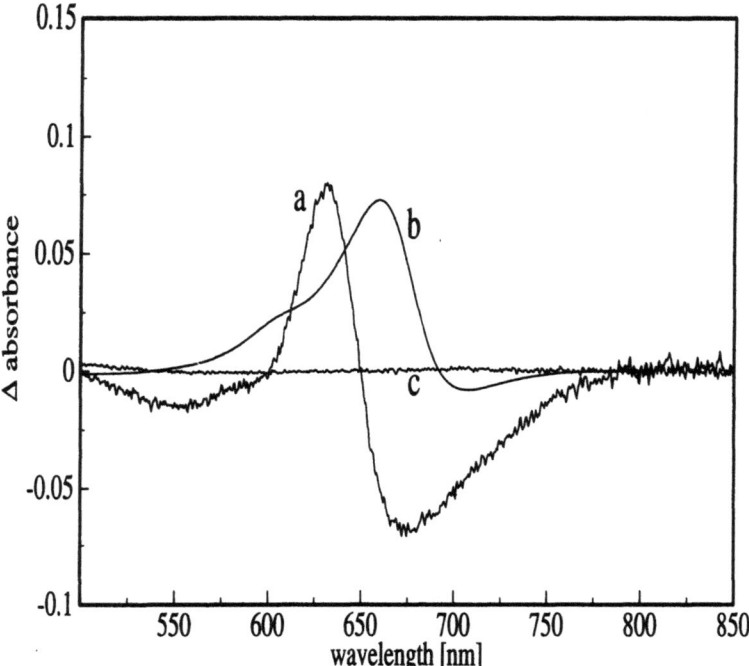

Abb. 5: Spektraler Vergleich der Phytochrom-Chromopeptide mit Molekulargewichten um 40 kDa (nach [11]). (a) Spektrum des rekombinanten 45-kDa-Fragments; (b) Spektrum des durch tryptische Verdauung erzeugten 39-kDa-Fragments. Dieses Spektrum ist identisch mit dem Spektrum aus Abb. 4; (c) Spektrum des rekombinanten 39-kDa-Fragments nach Inkubation mit dem Chromophor. Dieses Produkt nimmt den Chromophor bei Inkubation nicht auf und weist keine Phytochromabsorptionen mehr auf.

der Peptidkette erfordert, die auf Wechselwirkungen verschiedener Bereiche des Proteins beruhen muß und damit unabhängig von einer Stabilisierung durch den Chromophor ist.

Es zeigt sich, daß in Phytochromfragmenten, die bis zur Position 595 reichen, der Einbau des Chromophors nachträglich möglich ist, unabhängig davon, ob der 65 Aminosäuren große N-terminale Bereich vorhanden ist oder gentechnologisch deletiert wurde. Die Bedeutung insbesondere dieses Proteinbereichs für die spektralen und strukturellen Eigenschaften wird durch die Untersuchung mehrerer gentechnologisch erzeugter Phytochromfragmente mit Molekulargewichten um 40 kDa deutlich: Im Vergleich zum soeben erwähnten, enzymatisch erzeugten 39-kDa-Fragment zeigt ein rekombinantes Fragment mit einem identischen C-terminalen Ende, das aber den vollständigen N-Terminus enthält, nach Chromophoreinbau deutlich ausgeprägte Absorptionen sowohl für die P_r- als auch für die P_{fr}-Form (Abb. 5, Spektrum a), so daß sich dem Bereich des Phytochroms, der die ersten ca. 65 Aminosäuren umfaßt, eine wichtige Bedeutung für die korrekte Fixierung des Chromophors (bevorzugt in der P_{fr}-Form) zuschreiben läßt [10].

Simuliert man nun aber die enzymatische Spaltung vor Einbau des Chromophors, indem man gentechnologisch die Peptidkette an der tryptischen Spaltstelle 425 beendet und gleichzeitig die ersten 65 Aminosäuren entfernt, *bevor* der Chromophor eingebaut werden soll, so zeigt sich, daß die Ausbildung eines Chromopeptids nicht mehr möglich ist (Abb. 5, Spektrum c) [11]. Offensichtlich führt die Entfernung bestimmter Proteinbereiche zum Verlust von Kontaktstellen zwischen Domänen, die die zur Chromophoreinbindung notwendige Faltung der Peptidkette gewährleisten. Zusammenfassend läßt sich also für die Struktur der vorderen Hälfte des Phytochroms an Hand der geschilderten Ergebnisse die folgende Aussage machen:

Bei Abspaltung der hinteren Hälfte des Phytochroms bleiben die Absorptionseigenschaften erhalten. Dies gilt sowohl für tryptisch hergestellte als auch für rekombinante Fragmente, in die der Chromophor nachträglich inkorporiert wird (65 und 59 kDa große Fragmente). Gentechnologische Herstellung eines Peptids, das etwa ein Drittel des nativen Phytochroms und den kompletten Aminoterminus aufweist, führt nach Einbau des Chromophors zu einem photoreversiblen Pigment mit Phytochrom-ähnlichen Absorptionseigenschaften. Enzymatische Abspaltung der ersten 65 Aminosäuren (39-kDa tryptisches Fragment) führt zum Verlust der spektralen Eigenschaften der P_{fr}-Form, und gentechnologische Synthese eines Peptids, dem bei einer Molekülgröße von ca. 40 kDa von vornherein die vorderen 65 Aminosäuren fehlen (bei einer Kettenlänge bis zur Position 425), läßt keinen Chromophoreinbau mehr zu, da die korrekte Faltung der Chromophorbindungstasche nicht mehr möglich ist. Diese Befunde ergeben gegenwärtig das in Abb. 6 dargestellte Bild der Proteinstruktur in der Umgebung des Chromophors (Abb. 6).

Im Phytochrom können neben der Interaktion zwischen Chromophor und Protein an zwei Stellen Proteinwechselwirkungen nachgewiesen werden, die die Struktur der Chromophorbindungsstelle bzw. die spektralen Eigenschaften gewährleisten. Jeweils einer dieser beiden Kontaktbereiche muß vorhanden sein, wie sich aus ihrer wechselseitigen Entfernung ableiten läßt. Eine Wechselwirkung wird zwischen dem aminoterminalen Teil (die ersten 65 Aminosäuren) und einem Bereich am Ende des ersten Drittels des Proteins (< Aminosäure 425) ausgebildet. Ein zweiter Kontakt läßt sich zwischen dem vorderen Bereich des Proteins, anschließend an den abspaltbaren N-Terminus (etwa zwischen den Aminosäuren 65 bis 80), und einer Domäne zwischen den Positionen 425 und 595 des Proteins lokalisieren. Entfernt man diesen Kontakt (Übergang von Peptiden mit ca. 60 kDa zu Peptiden mit einem Molekular-

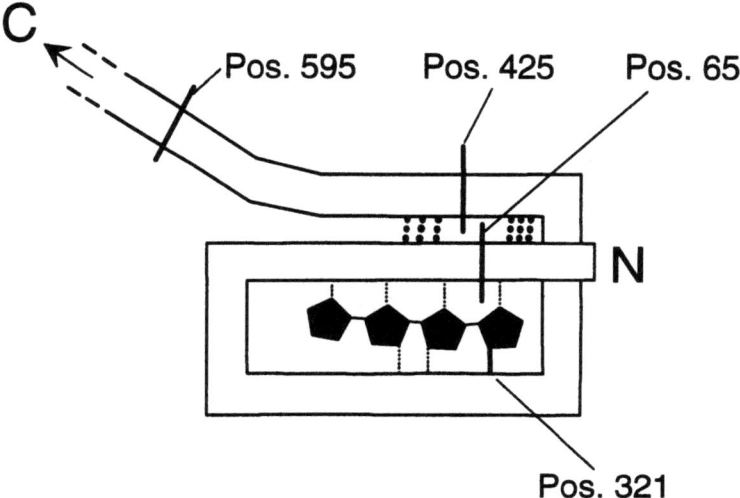

Abb. 6: Schematische Darstellung identifizierter Protein-Proteinwechselwirkungen im Phytochrom (angedeutet durch starke Punktierung, nach [11]). Positionen 65, 425 und 595 geben die Positionen der durch Trypsineinwirkung oder molekularbiologische Methoden erzeugten Anfänge und Enden der Peptidketten wieder. Position 321 bezeichnet die Position der kovalenten Chromophoranbindung an das Protein. Gepunktet werden vorhandene, aber nicht genauer lokalisierte Wechselwirkungen zwischen Chromophor und Protein wiedergegeben. „N" und „C" bezeichnen Anfang und Ende der Phytochrompolypeptidkette.

gewicht von ca. 40 kDa), so bekommt die erste Kontaktstelle herausragende Bedeutung, läßt aber die Ausbildung der P_{fr}-Absorption weiterhin zu. Entfernt man allerdings bei diesen verkürzten Fragmenten auch den N-terminalen Anteil durch enzymatischen Abbau (der Übergang von 45-kDa- zu 39-kDa-Fragmenten), so verliert man die spektrale Form des P_{fr}-Zustands, sofern der Chromophor bereits vorhanden ist. Aus diesen Ergebnissen und der Beobachtung, daß bei Entfernung beider postulierter Kontaktstellen (39-kDa rekombinantes Peptid) kein Chromophoreinbau mehr möglich ist, ergibt sich, daß im 39-kDa-Chromopeptid allein die Wechselwirkungen zwischen Chromophor und Protein die Struktur des Peptids aufrecht erhalten, und daß diese Interaktionen beim Übergang von der P_r- in die P_{fr}-Form verändert werden.

Visuelle Pigmente der Insekten

Auch die anfangs erwähnten visuellen Pigmente von Tieren und Menschen weisen Funktionsprinzipien auf, die denen des pflanzlichen Rezeptors Phytochrom ähnlich sind. Allerdings sind die tierischen Photorezeptormoleküle in die Zellmembran hochspezialisierter Sehzellen eingelagert. Diese Zellen bilden große Membranbereiche aus, die die Sehfarbstoffmoleküle in hoher Konzentration einlagern. Die Sehpigmente der Tiere stellen also im Gegensatz

Abb. 7: Modell der dreidimensionalen Struktur tierischer Photorezeptoren. Die zu sieben α-Helices zusammengelagerte, in die Membran der Sehzellen eingelagerte Polypeptidkette bildet in ihrem hydrophoben Inneren eine Bindungstasche für den kovalent gebundenen Retinalchromophor aus, der im Ruhezustand in der 11-*cis*-Konfiguration vorliegt. In den äußeren Proteinbereichen sind Positionen angedeutet, die transient oder permanent modifiziert werden (Glykosylierungs- und Phosphorylierungsstellen, Positionen der Ausbildung von Cystingruppen; modifiziert nach [12]).

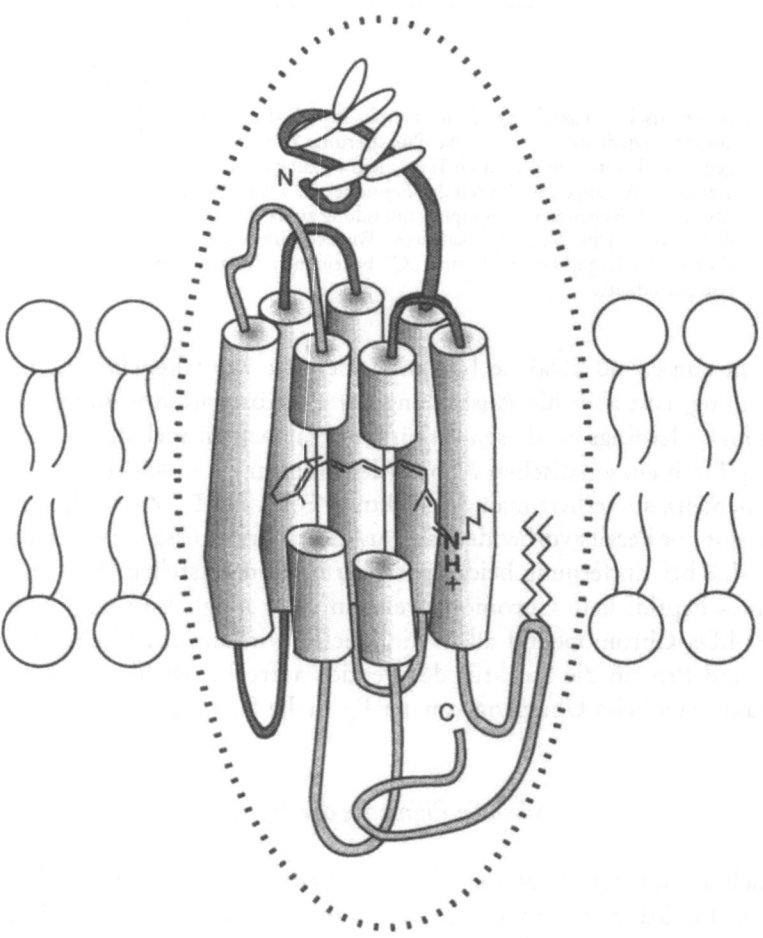

zu den löslichen Phytochromen Membranproteine dar. Sie falten sich α-helikal und lagern sich in der Membran zu einem Bündel von sieben Säulen zusammen. In ihrem Inneren bildet sich eine Bindungstasche für den visuellen Chromophor, ein Retinalmolekül, das unter Ausbildung einer protonierten Schiffschen Base kovalent mit der Aminogruppe eines Lysinrests verknüpft ist (Abb. 7) [12]. Der Retinalchromophor liegt in der Ruheform des Rezeptors in der 11-*cis*-Form vor und isomerisiert bei Lichtabsorption innerhalb weniger ps in die all-*trans*-Form, wobei sich auch hier – wie anfangs erwähnt – die Proteinkonformation ändert, so daß durch Kontakt zu anderen Proteinen das biologische Signal in das Zellinnere übertragen werden kann. Die Untersuchungen über die visuelle Signaltransduktion bei Tieren wurden auf Grund der leichten Materialverfügbarkeit zum überwiegenden Anteil an dem Sehpigment des Rinds durchgeführt, das allerdings – wie die Pigmente aller Wirbeltiere – nach Lichtabsorption irreversibel ausbleicht.

Für unsere spezielle Fragestellung – die Suche nach Strukturelementen, die für die Bindung des Chromophors im Protein und damit für die Funktion der Sehpigmente essentiell sind – stellte sich heraus, daß die Sequenzen der höheren Wirbeltiere sehr homolog zueinander sind, so daß aus einer vergleichenden Untersuchung nicht viele neue Informationen zu erhalten sind. Aus diesen Gründen haben wir die Insekten gewählt, deren Artenvielfalt erwarten ließ, daß sich diese optimale Anpassung an äußere Umwelteinflüsse auch in der Varianz der Sehpigmente und ihrer Sequenz widerspiegelt, kennt man doch ultraviolett-empfindliche Pigmente und tiefrote Spektralempfindlichkeiten, darüber hinaus findet sich eine Anzahl polychromatischer Insekten. Auch in ihren Absorptionseigenschaften weichen die Sehpigmente der Insekten von denen der Vertebraten ab: Der physiologisch aktive Zustand, das sog. Metarhodopsin, ist thermisch stabil, so daß er bei entsprechender Belichtung – ähnlich wie im Phytochromsystem – photochemisch in den Ausgangszustand zurückgeführt werden kann. Bisher waren Sehpigmentsequenzen von Insekten nur für die beiden Fliegenarten *Calliphora* und *Drosophila* berichtet worden [13–15]. Beide sind nah verwandt zueinander, dementsprechend weisen ihre Pigmente einen hohen Grad an Homologie auf, so daß es der Identifizierung weiterer Sehpigmentsequenzen bedarf, um strukturelle Ähnlichkeiten oder Unterschiede eindeutig nachweisen zu können. Erschwerend für vergleichende Untersuchungen ist die Wahl von *Drosophila* auch auf Grund ihrer stammesgeschichtlichen Entwicklung, denn die Fliegen (Dipteren) haben sich bisher am weitesten von einem möglichen gemeinsamen Ursprung entfernt. Darüber hinaus haben sie als „modernste" Insekten einen anderen visuellen Chromophor adaptiert, den sie anstelle des Retinals verwenden: Das am Ring modifizierte Derivat 3-Hydroxyretinal (Abb. 8, s. dazu [16]).

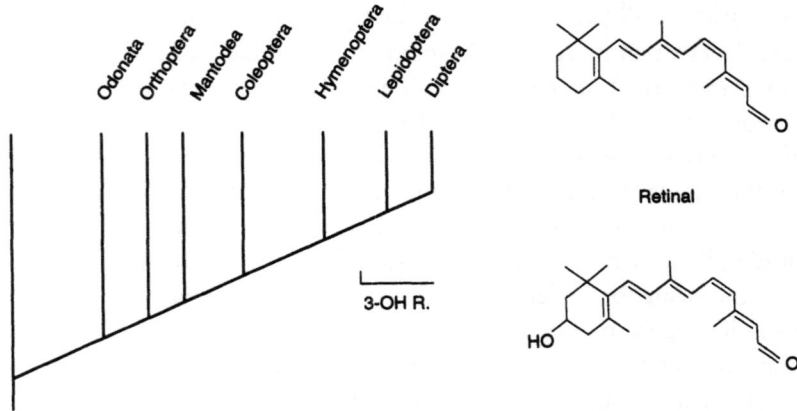

Abb. 8: Schematische Darstellung der phylogenetischen Position ausgewählter Insektenarten mit Angabe der Verteilung des verwendeten visuellen Chromophors (3-OH R. = Bevorzugte Verwendung von 3-Hydroxyretinal, alle übrigen dargestellten Tiere verwenden Retinal). Ausgewählte Vertreter sind: Odonata: Libellen; Orthopera: Heuschrecken; Mantodea: Mantiden; Coleoptera: Käfer; Hymenoptera: Bienen; Lepidoptera: Schmetterlinge; Diptera: Fliegen. Modifiziert nach [16]. Im rechten Teil der Abbildung sind die Strukturen der beiden Chromophore Retinal und 3-Hydroxyretinal dargestellt.

Man muß also berücksichtigen, daß sich die Sehpigmente nicht nur im Verlauf der Evolution auf Grund einer Anpassung an sich wandelnde Umweltbedingungen verändert, also mutiert haben, sondern daß im Fall des deutlich hydrophileren neuen Chromophors weitere Veränderungen in der Proteinsequenz nachzuweisen sein sollten. Wir haben uns daher etwas ursprünglicheren Insekten zugewandt, die noch den ursprünglichen, unsubstituierten Retinalchromophor aufweisen: Den Mantiden, deren bekannteste Vertreterin die Gottesanbeterin ist, und den Heuschrecken, speziell der Art *Schistocerca*. Es ist uns gelungen, mit Hilfe molekularbiologischer Methoden die Sehpigmentsequenzen dieser beiden Insektenarten zu bestimmen, so daß man nun die bereits bekannten Sequenzen der Fliegen mit diesen neuen Pigmenten bezüglich der vermuteten Anpassung der Proteinbindungstasche an die neue Chromophorstruktur vergleichen kann. Da Augen hochspezialisierte Organe darstellen, die die lichtabsorbierenden Strukturen, die Photorezeptoren, in hohen Konzentrationen enthalten, läßt sich auch die für die Proteinsequenz kodierende RNA (messenger RNA, mRNA) in großer Menge präparieren, insbesondere, da die Photorezeptorproteine mit einer hohen Rate permanent neu synthetisiert werden.[3]

Der experimentelle Vorgang der Identifizierung der Protein- bzw. der zugrunde liegenden Nukleinsäuresequenz, ausgehend von der einzelsträngigen mRNA, führt zunächst zu einer einzelsträngigen DNA-Kopie (complementary oder cDNA), die im folgenden zu einer neuen doppelsträngigen DNA komplettiert wird. Dieser neue DNA-Doppelstrang läßt sich nun durch Anwendung der PCR-Methode (PCR = polymerase chain reaction [17]) amplifizieren und einer Sequenzanalyse unterwerfen. Auf diesem Weg gelang die Charakterisierung der Sehpigmentsequenz der Mantide *Sphodromantis* [18] und zweier Sequenzen der Heuschrecke *Schistocerca gregaria* [19]. Sowohl die Tatsache, daß in der Mantide nur ein Sehpigment nachgewiesen wurde, als auch die Identifizierung zweier Sequenzen in der Heuschrecke decken sich mit Untersuchungen der Spektralempfindlichkeit, die an lebenden Tieren vorgenommen wurden [20, 21]. Die neu charakterisierten Pigmente weisen die Strukturmerkmale eines Sehpigmentproteins auf. Im einzelnen findet man die heptahelikale Anordnung der Aminosäuren mit bevorzugt hydrophoben Bereichen, die man im Membran-eingelagerten Teil des Proteins erwartet, eine Reihe funktionell wichtiger Aminosäuren an Positionen, die denen in anderen Sehpigmenten entsprechen und natürlich die Position der kovalenten Anknüpfung des Chromophors.

Der Vergleich der neu identifizierten Sequenzen mit den bereits bekannten *Drosophila*-Sequenzen, insbesondere unter Berücksichtigung der unterschiedlich polaren Chromophore, die die jeweiligen Insekten verwenden, ergab in einigen Bereichen der Proteinsequenz eine Reihe systematischer Änderungen. Insbesondere die Betrachtung der Helices 3 und 4 zeigt, daß in den Pigmenten der Dipteren, die den hydrophileren Hydroxy-Chromophor tragen, an mehreren Positionen ursprünglich hydrophobe Aminosäuren, die man in den Pigmenten von Mantiden und *Schistocerca* findet, gegen Aminosäuren mit hydrophilen Seitengruppen ausgetauscht sind (Alanin, Valin oder Glycin werden gegen Serin ausgetauscht, Phenylalanin wird zu Tyrosin oder Methionin, s. auch Abb. 9). Darüber hinaus findet sich an einigen Stellen der Austausch von

---

[3] Die Verwendung von mRNA, die eine identische Kopie der für die Proteinsequenz benötigten Teile der DNA-Sequenz darstellt, zur Sequenzaufklärung bietet gegenüber der DNA, in der die Sequenzinformation ursprünglich festgelegt ist, einen erheblichen Vorteil: Während i. a. Gene als einzelne Kopien in den Chromosomen vorhanden sind, wird die mRNA aus der kodierenden DNA entsprechend den Anforderungen, die für die Funktion des Proteins gelten, in großer Kopienzahl von der Zelle hergestellt. Die Situation der im Vergleich zur DNA in erheblich größeren Mengen vorhandenen mRNA liegt insbesondere dann vor, wenn die Zelle die entsprechenden Proteine mit einer hohen Biosyntheserate herstellt. Beim Übergang von DNA auf mRNA werden außerdem die nichtkodierenden Bereiche der DNA (Introns) herausgeschnitten (=Spleißen), so daß die mRNA-Sequenz ohne Unterbrechung direkt die Proteinsequenz wiedergibt.

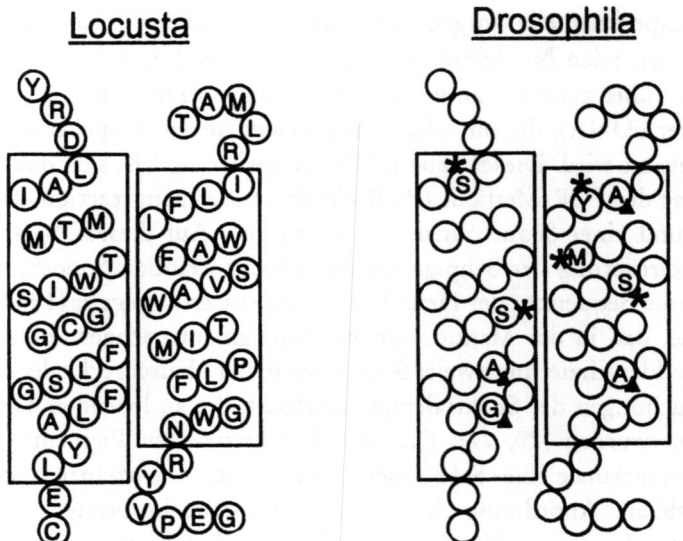

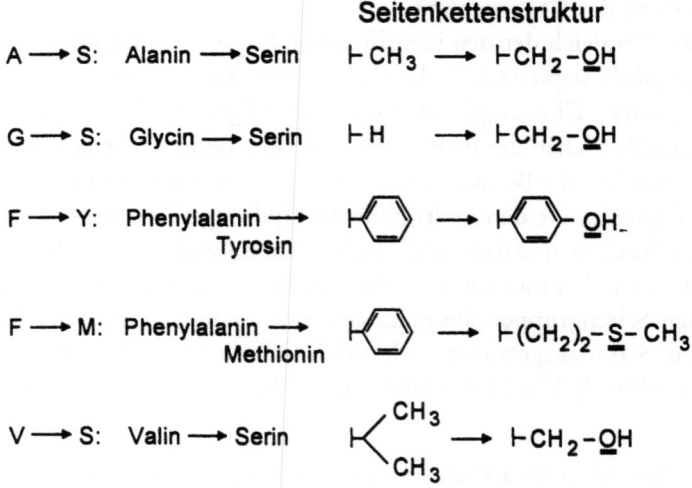

Abb. 9: Vergleich ausgewählter Proteinbereiche der Sehpigmente von *Schistocerca* (Orthoptera), links (nach [19]) und *Drosophila* (Diptera), rechts (modifiziert nach [14]). Gezeigt sind die Helices 3 und 4, in denen die größten Änderungen in der Proteinsequenz auftreten. In der *Drosophila*-Sequenz werden nur die Aminosäuren explizit gezeigt, die gegenüber *Schistocerca* verändert sind (d. h., die leeren Kreissymbole deuten identische Aminosäurereste in den Sequenzen beider Insekten an). Im unteren Teil sind die entsprechenden Änderungen der chemischen Strukturen der ausgetauschten Aminosäuren dargestellt. Durch ✲ werden Änderungen der Hydrophobie gekennzeichnet, durch ▲ werden Austausche von Aminosäuren mit größeren gegen solche mit kleineren Seitenketten markiert.

Aminosäuren mit großen Seitengruppen gegen solche mit kleineren Substituenten (Leucin wird zu Alanin oder Glycin). Diese Änderungen des Proteininneren können als Adaptierung der Proteintasche an den geänderten Chromophor gedeutet werden, um zum einen zu der Hydroxygruppe am Ring des Retinals zusätzliche Wasserstoffbrücken oder ionische Wechselwirkungen auszubilden und zum anderen dem etwas größeren Raumbedarf (bedingt durch die Hydroxygruppe) Rechnung zu tragen.

Schlußbemerkung

Bereits diese Betrachtungen, die einer weitergehenden, detaillierteren Untersuchung bedürfen, geben einen Eindruck der subtilen Interaktionen zwischen Chromophor und Protein, die die photosensorischen Pigmente von Pflanzen und Tieren zu hochspezialisierten, optimal arbeitenden Lichtdetektoren machen. Die genauere Identifizierung dieser Wechselwirkungen, sowohl für die pflanzlichen als auch für die tierischen Rezeptoren, ist Gegenstand weiterer, auch spektroskopischer Untersuchungen, die wir kürzlich begonnen haben.

Literatur

[1] K. Schaffner: Zur Photophysik und Photochemie von Phytochrom, einem photomorphogenen Regler in grünen Pflanzen. *Vorträge der Rhein.-Westf. Akad. Wissensch.* N 362, 47 (1988).
[2] P. H. Quail: Phytochrome: A light-regulated molecular switch that regulates development in plants. *Annu. Rev. Genet.* 25, 389 (1991).
[3] M. Furuya: Phytochromes: Their Molecular Species, Gene Families, and Functions. *Annu. Rev. Plant Physiol. Plant Mol. Biol.* 44, 617 (1993).
[4] S. P. A. Fodor, J. C. Lagarias, R. A. Mathies: Resonance Raman Analysis of the P_r and P_{fr} Forms of Phytochrome. *Biochemistry* 29, 11141 (1990).
[5] Y. Mizutani, S. Tokutomi, K. Aoyagi, K. Horitsu, T. Kitagawa: Resonance Raman Study on Intact Pea Phytochrome and Its Model Compounds: Evidence for Proton Migration during the Phototransformation. *Biochemistry* 30, 10693 (1991).
[6] P. Hildebrandt, A. Hoffmann, P. Lindemann, G. Heibel, S. E. Braslavsky, K. Schaffner, B. Schrader: Fourier Transform Resonance Raman Spectroscopy of Phytochrome. *Biochemistry* 31, 7957 (1992).
[7] W. Rüdiger, F. Thümmler: Phytochrom, das Sehpigment der Pflanzen. *Angew. Chemie* 103, 1242 (1991); *Angew. Chemie Int. Ed. Engl.* 30, 1216 (1991).
[8] J. R. Cherry, D. Hondred, J. M. Walker, J. M. Keller, H. P. Hershey, R. D. Vierstra: Carboxy-Terminal Deletion Analysis of Oat Phytochrome A Reveals the Presence of Separate Domains Required for Structure and Biological Activity. *Plant Cell* 5, 565 (1993).
[9] M. T. Boylan, P. H. Quail: Phytochrome A overexpression inhibits hypocotyl elongation in transgenic *Arabidopsis*. *Proc. Natl. Acad. Sci. USA* 88, 10806 (1991).
[10] C. Hill, W. Gärtner, P. Towner, S. E. Braslavsky, K. Schaffner: Expression of Phytochrome Apoprotein of *Avena sativa* in *Escherichia coli* and Formation of Photoactive Chromoproteins by Assembly with Phycocyanobilin. *Eur. J. Biochem.* 223, 69 (1994).
[11] W. Gärtner, C. Hill, K. Worm, P. H. Quail, S. E. Braslavsky and K. Schaffner: Influence of expression system on chromophore binding and preservation of spectral properties in recombiant phytochrome. *Eur. J. Biochem.* (1995, submitted).
[12] P. A. Hargrave: Seven-helix receptors. *Current Opinion in Structural Biology*, 1, 575 (1991).
[13] J. E. O'Tousa, W. Baehr, R. L. Martin, J. Hirsh, W. L. Pak, M. L. Applebury: The Drosophila *ninaE* Gene Encodes an Opsin. *Cell* 40, 839 (1985).
[14] C. S. Zuker, A. F. Cowman, G. M. Rubin: Isolation and Structure of a Rhodopsin Gene from D. melanogaster. *Cell* 40, 851 (1985).
[15] A. Huber, D. P. Smith, C. S. Zuker, R. Paulsen: Opsin of *Calliphora* Peripheral Photoreceptors R1-6. *J. Biol. Chem.* 265, 17906 (1990).
[16] K. Vogt: Chromophores of Insect Visual Pigments. *Photobiochemistry and Photobiophysics (Suppl.)* 273 (1987).
[17] K. B. Mullis, F. A. Faloona: Specific synthesis of DNA *in vitro* via a polymerase-catalyzed chain reaction. *Methods Enzymol.* 155, 335 (1987).
[18] P. Towner, W. Gärtner: Primary structure of mantid opsin. *Gene* 143, 227 (1994).
[19] W. Gärtner, P. Towner: Invertebrate visual pigments. *Photochem. Photobiol.* 62, 1 (1995).
[20] R. R. Bennett, J. Tunstall, G. A. Horridge: Spectral Sensitivity of Single Retinula Cells of the Locust. *Z. Vergl. Physiol.* 55, 195 (1967).
[21] S. Rossel: Regional Differences in Photoreceptor Performance in the Eye of the Praying Mantis. *J. Comp. Physiol.* 131, 95 (1979).

*Veröffentlichungen
der Nordrhein-Westfälischen Akademie der Wissenschaften*

Neuerscheinungen 1989 bis 1995

Vorträge N Heft Nr.		NATUR-, INGENIEUR- UND WIRTSCHAFTSWISSENSCHAFTEN
366	Horst Uwe Keller, Katlenburg-Lindau	Das neue Bild des Planeten Halley – Ergebnisse der Raummissionen
	Ulf von Zahn, Bonn	Wetter in der oberen Atmosphäre (50 bis 120 km Höhe)
367	Jozef S. Schell, Köln	Fundamentales Wissen über Struktur und Funktion von Pflanzengenen eröffnet neue Möglichkeiten in der Pflanzenzüchtung
368	Frank H. Hahn, Cambridge	Aspects of Monetary Theory
370	Friedrich Hirzebruch, Bonn	Codierungstheorie und ihre Beziehung zu Geometrie und Zahlentheorie
	Don Zagier, Bonn	Primzahlen: Theorie und Anwendung
371	Hartwig Höcker, Aachen	Architektur von Makromolekülen
372	János Szentágothai, Budapest	Modulare Organisation nervöser Zentralorgane, vor allem der Hirnrinde
373	Rolf Staufenbiel, Aachen	Transportsysteme der Raumfahrt
	Peter R. Sahm, Aachen	Werkstoffwissenschaften unter Schwerelosigkeit
374	Karl-Heinz Büchel, Leverkusen	Die Bedeutung der Produktinnovation in der Chemie am Beispiel der Azol-Antimykotika und -Fungizide
375	Frank Natterer, Münster	Mathematische Methoden der Computer-Tomographie
	Rolf W. Günther, Aachen	Das Spiegelbild der Morphe und der Funktion in der Medizin
376	Wilhelm Stoffel, Köln	Essentielle makromolekulare Strukturen für die Funktion der Myelinmembran des Zentralnervensystems
377	Hans Schadewaldt, Düsseldorf	Betrachtungen zur Medizin in der bildenden Kunst
378	6. Akademie-Forum	Arzt und Patient im Spannungsfeld: Natur – technische Möglichkeiten – Rechtsauffassung
	Wolfgang Klages, Aachen	Patient und Technik
	Hans-Erhard Bock, Tübingen, Hans-Ludwig Schreiber, Hannover	Patientenaufklärung und ihre Grenzen
	Herbert Weltrich, Düsseldorf	Ärztliche Behandlungsfehler
	Paul Schölmerich, Mainz	Ärztliches Handeln im Grenzbereich von Leben und Sterben
	Günter Solbach, Aachen	
379	Hermann Flohn, Bonn	Treibhauseffekt der Atmosphäre: Neue Fakten und Perspektiven
	Dieter Hans Ehhalt, Jülich	Die Chemie des antarktischen Ozonlochs
380	Gerd Herziger, Aachen	Anwendungen und Perspektiven der Lasertechnik
	Manfred Weck, Aachen	Erhöhung der Bearbeitungsgenauigkeit – eine Herausforderung an die Ultrapräzisionstechnik
381	Wilfried Ruske, Aachen	Planung, Management, Gestaltung – aktuelle Aufgaben des Stadtbauwesens
382	Sebastian A. Gerlach, Kiel	Flußeinträge und Konzentrationen von Phosphor und Stickstoff und das Phytoplankton der Deutschen Bucht
	Karsten Reise, Sylt	Historische Veränderungen in der Ökologie des Wattenmeeres
383	Lothar Jaenicke, Köln	Differenzierung und Musterbildung bei einfachen Organismen
	Gerhard W. Roeb, Fritz Führ, Jülich	Kurzlebige Isotope in der Pflanzenphysiologie am Beispiel des ^{11}C-Radiokohlenstoffs
384	Sigrid Peyerimhoff, Bonn	Theoretische Untersuchung kleiner Moleküle in angeregten Elektronenzuständen
	Siegfried Matern, Aachen	Konkremente im menschlichen Organismus: Aspekte zur Bildung und Therapie
385	Parlamentarisches Kolloquium	Wissenschaft und Politik – Molekulargenetik und Gentechnik in Grundlagenforschung, Medizin und Industrie
386	Bernd Höfflinger, Stuttgart	Neuere Entwicklungen der Silizium-Mikroelektronik
387	János Kertész, Köln	Tröpfchenmodelle des Flüssig-Gas-Übergangs und ihre Computer-Simulation
388	Erhard Hornbogen, Bochum	Legierungen mit Formgedächtnis

389	Otto D. Creutzfeld, Göttingen	Die wissenschaftliche Erforschung des Gehirns: Das Ganze und seine Teile
390	Friedhelm Stangenberg, Bochum	Qualitätssicherung und Dauerhaftigkeit von Stahlbetonbauwerken
391	Helmut Domke, Aachen	Aktive Tragwerke
392	Sir John Eccles, Contra	Neurobiology of Cognitive Learning
393	Klaus Kirchgässner, Stuttgart	Struktur nichtlinearer Wellen – ein Modell für den Übergang zum Chaos
394	Hermann Josef Roth, Tübingen	Das Phänomen der Symmetrie in Natur- und Arzneistoffen
	Rudolf K. Thauer, Marburg	Warum Methan in der Atmosphäre ansteigt. Die Rolle von Archaebakterien
395	Guy Ourisson, Straßburg	Die Hopanoide
	Werner Schreyer, Bochum	Ultra-Hochdruckmetamorphose von Gesteinen als Resultat von tiefer Versenkung kontinentaler Erdkruste
396	Gottfried Bombach, Basel	Zyklen im Ablauf des Wirtschaftsprozesses – Mythos und Realität
	Knut Bleicher, St Gallen	Unternehmungsverfassung und Spitzenorganisation in internationaler Sicht
397	Jean-Michel Grandmont, Paris	Expectations Driven Nonlinear Business Cycles
	Martin Weber, Kiel	Ambiguitätseffekte in experimentellen Märkten
398	Alfred Pühler, Bielefeld	Bakterien–Pflanzen–Interaktion: Analyse des Signalaustausches zwischen den Symbiosepartnern bei der Ausbildung von Luzerneknöllchen
399	Horst Kleinkauf, Berlin	Enzymatische Synthese biologisch aktiver Antibiotikapeptide und immunologisch suppressiver Cyclosporinderivate
	Helmut Sies, Düsseldorf	Reaktive Sauerstoffspezies: Prooxidantien und Antioxidantien in Biologie und Medizin
400	Herbert Gleiter, Saarbrücken	Nanostrukturierte Materialien
	Hans Lüth, Jülich	Halbleiterheterostrukturen: Große Möglichkeiten für die Mikroelektronik und die Grundlagenforschung
401	Gerhard Heimann, Aachen	Medikamentöse Therapie im Kindesalter
	Egon Macher, Münster/Westf.	Die Haut als immunologisch aktives Organ
402	Konstantin-Alexander Hossmann, Köln	Mechanismen der ischämischen Hirnschädigung
	Herrmann M. Bolt, Dortmund	Zur Voraussagbarkeit toxikologischer Wirkungen: Kanzerogenität von Alkenen
403	Volker Weidemann, Kiel	Endstadien der Sternentwicklung
	Alfred Müller, Erlangen	Quantenmechanische Rotationsanregungen in Kristallen
404	Matthias Kreck, Mainz	Positive Krümmung und Topologie
405	Benno Parthier, Halle	Problemfelder der zusammengefügten deutschen Wissenschaftslandschaft
	Erhard Hornbogen, Bochum	Kreislauf der Werkstoffe
406	Hubert Markl, Konstanz, Berlin	Wissenschaftliche Eliten und wissenschaftliche Verantwortung in der industriellen Massengesellschaft
407	Joachim Trümper, Garching	Was der Röntgensatellit ROSAT entdeckte
	Dietrich Neumann, Köln	Ökologische Probleme im Rheinstrom
408	Wilfried Werner, Bonn	Recycling biogener Siedlungsabfälle in der Landwirtschaft
409	Holger W. Jannasch, Woods Hole MA	Neuartige Lebensformen an den Thermalquellen der Tiefsee
410	Hartmut Zabel, Bochum	Epitaxielle Schichten: Neue Strukturen und Phasenübergänge
	Eckart Kneller, Bochum	Der Austauschfeder-Magnet: Ein neues Materialprinzip für Permanentmagnete
411	Brigitte M. Jockusch, Braunschweig	Architekturelemente tierischer Zellen
412	Alfred Fettweis, Bochum	Numerische Integration partieller Differentialgleichungen mit Hilfe diskreter passiver dynamischer Systeme
413	Ernst, Bayer, Tübingen	Theorie und Praxis der Niedertemperaturkonvertierung zur Rezyklisierung von Abfällen
	Hansjörg Sinn, Hamburg	Wertstoff- und Energie-Rückgewinnung aus hochkalorigen Abfallstoffen wie Altreifen und Kunststoff-Schrott
414	Wolfgang Priester, Bonn	Über den Ursprung des Universums: Das Problem der Singularität
415	Wilhelm Stoffel, Köln	Serendipity: Eine neue Glutamat-Neurotransmitter-Transporter-Familie und ihre pathogenetische Bedeutung
416	Dieter Richter, Jülich	Viskoelastizität und mikroskopische Bewegung in dichten Polymersystemen

MIX
Papier aus verantwortungsvollen Quellen
Paper from responsible sources
FSC® C105338

If you have any concerns about our products,
you can contact us on
ProductSafety@springernature.com

In case Publisher is established outside the EU,
the EU authorized representative is:
**Springer Nature Customer Service Center GmbH
Europaplatz 3, 69115 Heidelberg, Germany**

Printed by Libri Plureos GmbH
in Hamburg, Germany